AF502256

PETIT TRAITÉ
D'AGRICULTURE

PETIT TRAITÉ

D'AGRICULTURE

A L'USAGE

DES ENFANTS DES CAMPAGNES

QUI FRÉQUENTENT

LES ÉCOLES PRIMAIRES

PAR

Charles-Edouard DAVID.

NAPOLÉON,

IMPRIMERIE IVONNET, LIBRAIRE-ÉDITEUR.

1853.

Académie départementale
de
LA VENDÉE.

EMPIRE FRANÇAIS.

Napoléon-Vendée, le 11 mai 1853.

MONSIEUR ET HONORÉ COLLÈGUE,

J'ai l'honneur de vous informer que le Conseil académique, dans la séance d'hier, a, sur la proposition de la commission, donné une entière approbation au *Petit traité d'Agriculture* de M. Charles-Edouard DAVID, et a exprimé le vœu que ce bon ouvrage pût être répandu dans toutes les écoles rurales.

Veuillez faire connaître à l'auteur cette décision du Conseil.

Agréez, Monsieur et honoré Collègue, l'assurance de ma haute considération.

Le Recteur de l'Académie,

D. HENNE.

M. GERMAIN, membre du Conseil académique de la Vendée.

Jeunes enfants des campagnes, c'est à vous que je dédie ce petit ouvrage : j'ai voulu vous donner quelques notions d'Agriculture ; j'ai voulu vous faire connaître les vicieuses pratiques qui sont encore en usage aujourd'hui ; j'ai pris à tâche de vous démontrer que toutes les vues de l'Agriculteur ne doivent tendre qu'à enrichir le sol, qu'à accroître ses revenus, qu'à améliorer ses produits : en un mot, j'ai cherché à donner toute l'impulsion possible vers les progrès de l'Agriculture.

Fils de Cultivateurs, nés au milieu des champs, embrassez la profession de vos pères ! honorez-la, elle vous honorera à son tour.

Restez sur le sol qui vous a vus naître et que vous aurez appris à cultiver.

Fertilisez par un travail raisonné ce champ de blé, où, dans votre enfance conduits par vos bonnes mères, vous répétiez les prières qu'elles vous enseignaient, emblême touchant de votre innocence et de la pureté de vos jeunes cœurs, qui semblait appeler sur la moisson du Cultivateur la bénédiction de Dieu !

Améliorez la terre : la terre améliorera votre position et vous procurera l'aisance.

Vous aimerez l'Agriculture par habitude, par goût, par spéculation.

Parfois, dans les jours consacrés au repos et à la prière, contemplez dans l'isolement l'action vivifiante du soleil sur la végétation des plantes, depuis l'herbe de vos prairies jusqu'aux vieux chênes qui bornent l'horizon : vous tomberez dans un pieux recueillement et vous bénirez Dieu, en qui vous avez mis toute votre confiance ! n'avez-vous pas jeté sur le sol que vous arrosez de vos sueurs toutes vos espérances ? qui vous donnera votre pain à vous et à vos bestiaux leur nourriture ?

Vous ne connaîtrez point la vie dissipée des habitants des villes, le luxe, l'abus des plaisirs, la corruption des mœurs, qui, tout en variant les phases de leur existence, ne leur donnent pas le bonheur.

Mais dans la simplicité et l'austérité de vos mœurs, dans le travail dont vous vous serez fait un devoir, vous trouverez le bien-être intérieur et le bonheur domestique.

Et quand votre carrière sera remplie, en bénissant vos enfants, vous mourrez pleins d'une vie de travail, de vertu et de bien-être, car le travail est une vertu qui produit le bien-être, pleins d'une vie, qui n'aura pas su tromper.

Les Cultivateurs d'un grand nombre de départements Français mangent trop de pain; ils veulent récolter trop de grains. Il faut qu'ils apprennent des Allemands et des Anglais à produire du lait et de la viande : là est la condition première du perfectionnement de l'Agriculture française.

(M. Félix VILLEROY)
Manuel de l'éleveur de bêtes à cornes.

En général, dans toute culture bien entendue, on doit avoir pour principe de faire consommer par des animaux, dans la ferme, la plus grande partie qu'on peut du produit des terres; car cette partie produit de deux manières, c'est-à-dire en argent et en fumier, tandis que les récoltes qu'on porte directement au marché rapportent bien de l'argent, mais sont perdues pour l'amendement des terres. Il n'y a pas de bonne culture, là où on ne fait pas de grands profits sur des bestiaux.

La Richesse du Cultivateur, par A. L.

Ecrire pour le Laboureur, c'est faire l'aumône au pauvre. (Jacques BUJAULT).

L'Agriculture est l'art de cultiver la terre.

Cultiver la terre, c'est faire les travaux nécessaires pour la fertiliser et pour la rendre propre aux différentes productions végétales.

On opère ces travaux par le labourage.

Le labourage s'exécute avec la bèche, la houe, avec la charrue attelée de bœufs, de chevaux, de mulets ou de mules.

Ces travaux, pour être productifs et pour améliorer la terre, exigent du Laboureur des engrais et des amendements et une profonde connaissance du sol qu'il cultive.

Ce petit ouvrage traitera des différentes natures du sol, des engrais, des amendements, des animaux utiles et nécessaires aux travaux de l'Agriculture, des instruments aratoires, des attelages, des labours, des plantes, des pépinières, des jachères, des assolements ou de la culture alterne, des prairies artificielles, des récoltes sarclées, des céréales, des prairies naturelles et de la comptabilité d'une ferme.

DES DIFFÉRENTES NATURES DU SOL.

La terre rend comme on lui donne.
Tant vaut l'homme, tant vaut la terre.
Un hectare de terre défrichée en vaut trois.
Si tu te moques de la terre, elle se moquera de toi : pour qu'elle rende, il faut lui prêter, elle ne donne rien pour rien.

Ruiner sa terre, c'est semer la disette.
Soigner sa terre, c'est soigner ses enfants.
Négliger son champ, c'est le livrer à l'usurier.
Tout vient de la terre et tout y rentre ; le travail et le savoir font les produits.
Chaque département doit améliorer sa culture et ne le peut que par l'instruction.
Nos Cultivateurs se ruinent et ruinent la terre avec eux faute de savoir. (J. BUJAULT).

La couche végétale située à la surface du sol se compose de plusieurs mélanges de terres, dont les proportions sont très-variables.

Cette couche végétale repose soit sur la craie, les grès et les marbres, soit sur le granit, soit sur le caillou, soit sur les schistes et les argiles ; elle est désignée ordinairement par le nom de la terre, qui y entre dans une plus grande proportion : ainsi la terre où dominera la chaux prendra le nom de terre de chaux, ou terre *calcaire*, où abondera l'argile, terre *argileuse* et terre *sablonneuse*, où les sables, le granit, les graviers seront en excès.

Ces désignations constituent trois classes principales de terres :

1° Terres calcaires ;
2° Terres argileuses ;
3° Terres sablonneuses.

A ces trois grandes divisions viennent se rattacher toutes les subdivisions qui en découlent.

Les terres calcaires sont composées des débris des roches où la chaux domine : ces débris sont les craies, les marbres, les couches de coquillages fossiles.

Ces terres sont rouges ou d'un blanc grisâtre; elles font bouillonner le vinaigre et se laissent facilement pénétrer par l'eau; elles présentent aux racines des plantes une couche poreuse, friable, très-perméable; elles sont généralement les plus estimées. On les désigne par le nom de *terres chaudes*, parce qu'elles sont très-hâtives.

Les terres argileuses, désignées aussi par les noms de *terres fortes*, *froides*, *glaises*, n'absorbent point l'eau qu'elles tiennent en suspension; mais elles sont favorables, néanmoins, à la plupart des cultures, quand l'argile n'est pas en trop grand excès, c'est-à-dire quand elle n'entre pas pour les trois quarts dans leur composition. Mais quand l'argile dépasse cette proportion, ces terres sont difficilement perméables à l'air et aux racines des plantes et conservent trop longtemps l'eau à leur surface. Elles sont d'une culture très-difficile : elles doivent être labourées quand elles ne sont pas trop humides;

elles exigent de nombreux amendements, tels que des sables et surtout de la chaux et de fréquents et de profonds labours.

Les terres sablonneuses sont formées de sables, de granit, de graviers, de cailloux, connues aussi sous les noms de *terres légères, maigres, venteuses, sèches.*

Ces terres sont les moins fertiles, peu favorables aux plantes, par la raison qu'elles ne retiennent pas l'eau et l'humidité et qu'elles laissent évaporer trop facilement les principes nutritifs des engrais. Elles doivent être amendées avec des terres où l'argile sera en excès ; elles exigent beaucoup d'engrais.

On nomme vulgairement *terres saines* les bonnes terres composées dans des proportions convenables du mélange combiné de toutes celles dont je viens de parler et d'une substance ferrugineuse qui leur donne la couleur jaune-rougeâtre, qui les fait reconnaître facilement.

Les *terres limoneuses* sont composées des débris des matières animales et végétales, de sables et d'argile : elles sont très-fertiles ; mais elles ont l'inconvénient d'être trop froides.

Les *terres tourbeuses* sont propres à brûler : elles sont très-productives, quand on peut empêcher leur submersion en creusant des fossés. La chaux, les sables sont les amendements qui leur conviennent.

Enfin, les *terres franches* sont les terres des jardins.

Les terres arables sont profondes, quand elles ont une couche végétale de 45 à 50 centimètres au-dessus du sous-sol : on peut leur confier toutes les plantes à racines pivotantes.

Les terres peu profondes seront propres, au contraire, aux plantes à racines traçantes.

Mais les meilleures terres exigent encore pour être fertiles des agents qui leur sont indispensables : je veux dire la lumière et la chaleur, l'eau, l'air et les engrais. Par de fréquents labours, vous les rendrez perméables à l'air et à l'humidité ; puis, en y enfouissant les engrais, vous les rendrez propres à l'alimentation des plantes : le soleil fera le reste.

Du Sous-Sol.

Au-dessous des différentes terres arables dont nous venons de parler, se trouve le sous-sol dont la nature exerce une très-grande influence sur les qualités de la couche végétale.

Le sous-sol est tantôt perméable, tantôt imperméable.

Il est perméable, quand il se compose de *couches schisteuses* peu serrées ou de couches sablonneuses. Le sol arable qui repose sur ces couches est dans les meilleures conditions pour être amélioré, s'il entre dans sa composition une quantité suffisante d'argile.

Il est imperméable, quand il est composé de granit, de bancs calcaires, dont les parties constituantes ont entr'elles une très-grande cohésion.

Il est encore imperméable, quand il est formé d'argile pure, qui arrête l'infiltration des eaux. La couche végétale qui recouvre ce sous-sol est souvent elle-même composée d'argile à l'excès et retient l'eau à sa surface.

L'amélioration de ce sol est aujourd'hui assurée par la chaux, par les profondes rigoles d'écoulement et par le *drainage*.

Si au contraire, cette couche végétale est privée d'argile, mais composée de sables à l'excès, les labours profonds opéreront les meilleurs amendements en mélangeant les deux couches, c'est-à-dire la couche végétale maigre et sableuse avec le sous-sol argileux.

DES ENGRAIS.

L'engrais est à la terre ce que la chaux unie au sable est à la maçonnerie : l'un fait les bonnes récoltes et l'autre les bonnes constructions. E. D.

Ce n'est pas ce qu'on sème, c'est ce qu'on fume qui produit.

Douze hectares bien fumés en valent vingt-cinq qui le sont mal.

Point de mauvaises années pour celui qui fume bien, et point de bonnes pour celui qui fume mal.

Point de fumier sans bétail, point de grains sans fumier.

Ne sème pas en raison de la terre que tu as, mais du fumier que tu fais.

Ne sème que ce que tu peux fumer : fais des prés, élève du bétail jusqu'à ce que tu puisses fumer tous tes blés.

Sans fumier, il n'y a pas de bonnes terres; avec du fumier, il n'y en a pas de mauvaises.

A terre froide, fumier chaud.

(Jacques Bujault).

L'engrais est indispensable à la végétation; il est en quelque sorte la vie des plantes.

Sans engrais point de fertilité, point d'agriculture.

L'engrais, en un mot, c'est l'étoffe dont la bonne agriculture est faite.

On distingue trois espèces d'engrais :

Les engrais végétaux, les engrais animaux et les engrais mixtes ou fumiers.

Les engrais végétaux proviennent des feuilles tombées, des gazons enlevés dans les prairies pour former le lit des irrigations, des marcs de raisin, des suies, des cendres, du tan et des marcs de noix et des graines oléagineuses.

Les résidus des boucheries, les os broyés, les cornes, les poils, le sang, les cadavres des animaux, les chiffons de laine enfin le noir animal constituent les engrais animaux.

Les engrais mixtes ou fumiers proviennent des litières imprégnées des déjections des animaux, connus sous les noms de fumiers de cochon, de bœuf ou de vache, de cheval, de mouton et de volailles.

On doit aussi comprendre parmi les engrais :

1° L'urine et les déjections de l'homme.

L'urine constitue l'un des meilleurs engrais et l'un des plus négligés jusqu'à ce jour.

Les déjections de l'homme desséchées et réduites en poudre constituent la poudrette.

2° Les balayures, les ordures et les boues des cours et des rues.

On emploie dans les campagnes la méthode la

plus défectueuse pour la confection des fumiers. On entasse dans la cour de la ferme, vis-à-vis la porte des étables, quelquefois même devant les ouvertures de la maison occupée par les Cultivateurs, les litières des étables : on en forme des meules considérables qu'on ne remue et qu'on ne bèche jamais : il en résulte que la fermentation et la décomposition sont presque toujours imparfaites dans certaines parties. Ces meules sont soumises à l'action des intempéries atmosphériques : des pluies, qui enlèvent les substances solubles ; de l'air et des vents, qui absorbent les parties volatiles.

Mais toutes les différentes espèces d'engrais devraient être préparées avec le plus grand soin et déposées au nord de l'habitation de la ferme dans une fosse très-vaste, abritée par un appentis ; les urines provenant des étables couleront dans cette fosse et développeront plus vîte dans la masse la fermentation nécessaire à la décomposition.

Cultivateurs ! voulez-vous donner à vos prairies naturelles une fertilité qu'elles n'ont encore jamais eue ? utilisez les urines et les matières fécales de l'homme, les ordures des animaux : recueillez-les soigneusement dans un tonneau que vous destinerez à cet usage; puis, répandez-les dans les rigoles de vos prés; mélangez-les avec ces eaux crues et limpides qui les arrosent et qui sont peu fertilisantes. Avec ces matières excrémentielles liquides, qu'on laisse généralement perdre, vous serez étonnés de la récolte prodigieuse de vos fourrages.

Cultivateurs! il est un moyen de doubler, de tripler même la masse de vos engrais : ramassez autour des champs, pendant le cours de la belle saison, la terre la plus meuble et la plus sèche et déposez-là dans les cours en grands tas sur lesquels vous construirez les meules de paille destinées aux litières : vous couvrirez le sol des étables avec une couche de cette terre et vous l'enlèverez, pour la déposer dans la fosse, lorsqu'elle sera imprégnée des déjections et de la transpiration cutanée des animaux.

Le mélange de cette terre et des déjections animales, tout en augmentant la masse des engrais, donnera à ceux-ci la propriété qu'ils n'auraient pas eue seuls, la propriété d'agir comme amendemens, avantage toujours favorable dans toutes les terres en général, mais inappréciable dans certaines natures de terre, où la fumure à l'aide des engrais seuls ne produit pas toujours des effets bien remarquables.

DES AMENDEMENTS.

D'heure en heure Dieu améliore.
Dieu est bon ouvrier ; cependant il veut qu'on l'aide
Dieu dit à l'homme : aide-toi, je t'aiderai.
Laisse le bon pour le meilleur.
Fais ce que dois, advienne que pourra.
Il n'est jamais trop tard pour faire le bien.
Le temps est un grand maître il nous apprend tout ce que nous voulons.
La bonne volonté doit passer pour un à-compte.
Fais le bien tu ne redouteras personne.
Fais ce qui convient et Dieu fera le mieux.
Supporte doucement ton sort tel qu'il est et ne t'en fâche pas ; mais tâche d'y remédier autant qu'il te sera possible et pense que la Providence regarde avec amour les efforts que fait un homme de bien pour se retirer d'un mauvais pas.

(Maximes).

Les amendemens comprennent toutes les matières contenant des principes propres à l'amélioration des terres.

Ils agissent en modifiant la couche végétale.

Tels sont la chaux, le plâtre, les marnes et les terres végétales.

La chaux est une pierre calcinée par le feu.

La chaux fait merveille dans les terres du

bocage pour la culture du trèfle et de la luzerne.

La chaux ne se dissout que dans près de trois cents fois son poids d'eau.

S'il lui faut près de trois cents fois son poids d'eau pour se dissoudre, vous concevrez quelle prodigieuse quantité d'eau elle doit boire, quand elle est déposée, sortant des fours à chaux, dans nos terres fortes, humides, argileuses.

Vous concevrez comment elle dessèchera les terres qui retiennent l'eau, comment elle les réchauffera, comment elle les ameublira, comment, en un mot, elle les améliorera.

Vous concevrez maintenant pourquoi les choux-verts, les navets, les trèfles, cultivés dans les terres fortes et qui retiennent l'eau, amendées pendant quatre à cinq ans avec la chaux, contiendront moins de parties aqueuses et plus de substances nutritives.

Sachez, en effet, que ce qui fait la richesse de la plaine, c'est la terre calcaire, la terre de chaux et sachez que, dans nos bocages, nous n'avons que des terres sablonneuses, graveleuses, argileuses ou terres jaunes ou à base d'argile; moins heureux que les habitans de la plaine, les habitans du bocage n'ont pas une parcelle de chaux dans leurs terres; il faut donc l'aller chercher.

Cultivateurs! sachez donc que les fours à chaux du département de la Vendée sont destinés à changer, dans un temps donné, la nature du sol de vos bocages, si vous continuez à l'importer dans les champs de vos métairies.

Le plâtre est une pierre que l'on fait cuire au fourneau et on l'emploie en poussière très-fine pour amender les prairies artificielles.

Il paraîtrait qu'il agit en entretenant l'humidité au pied des plantes; il ne conviendrait donc pas dans les terres humides, à base d'argile.

Mais il peut être remplacé avantageusement.

Mettez en réserve tous les os à votre disposition, toutes les plumes inutiles, tous les vieux cuirs usés, toutes les coquilles d'œufs et les cornes; les poils et les crins que l'étrille détache du bétail; toutes les bouses desséchées, ramassées soigneusement aux barrières des champs où le jeune bétail a pacagé; tous les vieux chiffons d'étoffes de laine; tous les trognons de choux-verts desséchés par le hâle du mois de mars et toutes les feuilles sèches ramassées et déposées à l'abri, toutes ces matières sont réunies en tas pour être brûlées.

Vous mêlez à cette cendre quelques hectolitres de chaux en poussière et vous répandez le matin par une abondante rosée du mois de mai ce mélange sur vos luzernes, vos trèfles et vos lupulines.

Cette cendre produit dans le bocage les effets du plâtre répandu sur vos prairies de sainfoin dans la plaine.

Les marnes sont des terres calcaires : les marnes argileuses conviennent dans les sols sablonneux et les marnes sèches dans les terres glaises.

Les terres végétales sont aussi de forts bons amendemens. Ainsi dans les terres sablonneuses, calcaires, les terres végétales argileuses constitueront de bons effets comme dans les terres fortes argileuses, les terres végétales calcaires, sablonneuses, produiront des amendements parfaits.

On obtiendra aussi les meilleurs résultats des déblais, des petites pierres calcaires, des sables, des plâtras, des terres de décombres, des débris de tuiles, de briques, dans les terres compactes.

DES ENFOUISSEMENTS EN VERT.

—

Les enfouissements consistent à recouvrir à l'aide de la charrue les plantes destinées à former par leur décomposition un très-bon engrais ; ces plantes enfouies en vert déposent dans le sein de la terre l'acide carbonique qu'elles contiennent, principe fertilisant des végétaux.

Les enfouissements sont encore peu répandus ; et c'est bien dommage ; car les avantages de cet engrais seraient bien vite appréciés

Les trèfles, le lupin blanc, le seigle, la jarosse, le sarrasin, les choux, les colzas sont d'ordinaire les plantes que l'on enfouit.

Faites en sorte que vos plantes enfouies soient décomposées et réduites en terreau à l'époque où le froment fait de nouvelles racines, talle et se développe.

DES ANIMAUX UTILES ET NÉCESSAIRES.

Celui qui aime les animaux, qui les élève, qui les panse et les nourrit, devient le créancier de Dieu même, qui lui rendra tout ce qu'il leur aura donné E. D.

S'il faut du bétail pour labourer, il en faut aussi pour fumer.

Sans bétail on ne fait rien qui vaille, on n'a ni grain, ni foin, ni paille.

Ceux qui ont de bon bétail achètent du grain et ceux qui n'ont que du blé n'arrivent à rien.

Le bon nourrisseur vaut le bon laboureur.

(Jacques Bujault).

Les animaux employés dans les grandes exploitations agricoles sont le bœuf, le cheval et le mulet.

Le bœuf, la vache, la chèvre et le mouton sont des animaux ruminans, ainsi nommés parce qu'ils ramènent dans leur bouche les aliments, qu'ils ont déjà avalés, comprimés et formés en petites pelotes, pour les remâcher entièrement.

Ils n'ont point de dents incisives à la mâchoire supérieure, mais à la mâchoire inférieure, on en compte huit.

Ces dents incisives se nomment pinces, premières mitoyennes, secondes mitoyennes et coins.

Les dents de lait sont beaucoup plus petites que les dents qui les remplacent et qui sont très-larges et tranchantes.

Les deux premières dents de lait ou pinces tombent de dix-huit mois à deux ans ; et successivement les premières et secondes mitoyennes et les coins tombent, mais assez irrégulièrement d'année en année, jusqu'à l'âge de quatre ans, époque où ces huit dents de remplacement existent le plus ordinairement,

On connaît encore l'âge du bœuf et de la vache aux bourrelets qui se forment autour de leurs cornes. Ces bourrelets commencent à se former d'année en année à partir de l'âge de trois ans.

Le bœuf et la vache constituent la race bovine. Dans la race bovine, le mâle se nomme taureau, taurillon, veau, suivant l'âge ; et après la castration ou le bistournage, bœuf, bouvillon : la femelle, vache, génisse, vèle.

Le bœuf et la vache croissent jusqu'à l'âge de cinq à six ans et vivent environ vingt à vingt-cinq ans.

La durée moyenne de la gestation de la vache est de 270 jours.

Le bélier et la brebis forment la race ovine. La brebis croît jusqu'à l'âge de vingt mois.

La chèvre croît jusqu'à l'âge de trente mois.

Chez la chèvre et la brebis la durée moyenne de la gestation est de 150 jours ; la durée de leur vie est de douze à quinze ans.

DE LA VACHE.

Il semblerait que Dieu se soit plu à faire de la vache l'animal non seulement le plus utile et le plus nécessaire à l'homme, mais je dirai encore l'animal indispensable à ses besoins et à son existence même.

L'homme pourra-t-il jamais apprécier à leur valeur tous les services que la vache lui rend chaque jour.

Elle nourrit le pauvre dont elle fait la richesse.

L'enfant privé de sa mère, boit la vie à ses inépuisables mamelles.

Elle donne naissance au bœuf qui laboure et fertilise nos plaines et qui fournit à la boucherie la viande la plus estimée.

Elle donne tous les jours son lait ; et son lait : c'est de la crème, c'est du beurre ; et son lait : c'est encore du fromage.

Mais, Dieu ne s'est pas borné à faire en quelque sorte de la vache la nourrice du genre humain il a voulu qu'elle le préservât du plus terrible des fléaux qui aient désolé jamais l'espèce humaine.

Dieu a placé au pis de la vache un petit bouton, dont les cellules contiennent un liquide séreux.

Ce liquide séreux constitue un virus, lequel, inoculé chez l'homme, a la puissance de le préserver d'une maladie qui dépeuplait la terre ; je veux parler de la Variole, vulgairement appelée *Picote*.

L'homme a publié à haute voix le témoignage de sa reconnaissance.

Il a donné le nom de ce bienfaisant animal à ce virus si précieux, en le désignant par le mot de vaccin.

Monsieur Villeroy, dans son manuel de l'éleveur de bêtes à cornes, s'exprime ainsi en parlant de la bonne vache :

« Une vache bien faite, douce de caractère, » qui s'entretient bien, qui donne en abondance » un lait riche jusque six semaines avant de » mettre bas, une telle vache est un trésor dans » un ménage.

» Une bonne laitière a ordinairement la peau » souple, moëlleuse, bien détachée, la charpente » osseuse légère, le poil fin, peu de fanon, des » veines mammaires grosses et ondulées, qui » s'avancent loin sous le ventre, les *sources* » *larges*.

» Les veines mammaires aboutissent chacune » à un trou que l'on sent sous la peau et dans » lequel on doit pouvoir mettre le bout du doigt; » ce sont ces trous qu'on nomme les sources.

» Le pis de la vache doit être carré, couvert » d'une peau fine et s'étendre loin sous le ventre » et en arrière des cuisses et les trayons doivent » être d'une grosseur moyenne. Le pis gonflé de » lait est volumineux, dur au toucher, e

» lorsqu'il est vide, il est petit et flasque, la peau
» doit être d'un jaune-orangé et couverte d'un
» poil très-court, doux et fin. »

UN KILOGRAMME DE LAIT CONTIENT :

	Crème :	Beurre :	Fromage :
Celui de vache.....	80 gr.	60 gr.	60 gr.
Celui de brebis....	60 —	50 —	120 —
Celui de chèvre....	30 —	12 —	100 —

La méthode la plus économique de nourrir les veaux serait de les habituer à boire du lait dans un baquet et de ne pas les laisser téter ; on leur donnerait pendant huit jours du lait fraîchement trait, puis du lait écrémé tiède ; puis on mêlerait de l'eau et de la farine avec le lait en augmentant peu-à-peu la dose de farine. On les nourrirait ainsi pendant trois mois.

Les veaux de l'année précédente, que l'on élève, auront à discrétion une nourriture substantielle et abondante ; il est d'observation que les principales causes de dégénération des races est le défaut d'une nourriture assez substantielle pendant la jeunesse.

NOURRITURE PROPORTIONNÉE AU POIDS DES ANIMAUX.

La faculté de convertir les aliments en nourriture est proportionnelle au volume des poumons. Un animal pourvu de gros poumons pourra convertir un poids donné d'aliments en une plus grande quantité de nourriture, qu'un autre qui aura des poumons plus petits et sera, par conséquent, plus facile à engraisser.

Ce n'est donc pas ce que l'animal mange qui le nourrit, c'est ce qu'il digère.

Je transcris ici les observations de M. Riedesel.

« 1. — Il faut à chaque bête, pour être com-
» plètement nourrie et rassasiée, aux plus gran-
» des bêtes plus, aux plus petites moins, une
» quantité de nourriture proportionnée à sa
» masse, c'est-à-dire au poids de la bête vivante.

» 2. — L'alimentation ne peut être complète
» que si les aliments contiennent une quantité
» suffisante de principes nutritifs.

» On sait que le foin est plus nutritif que la
» paille, les grains plus que les racines, etc.

» 3. — Pour qu'une bête soit entièrement ras-
» sasiée, il faut que les aliments forment un vo-

» lume suffisant pour remplir au point conve-
» nable les organes de la digestion et de la rumi-
» nation.

» 4. — Il est nécessaire qu'une bête soit en-
» tièrement rassasiée, pour que les principes nu-
» tritifs contenus dans les aliments lui profitent
» autant que possible. Si l'estomac n'est pas suf-
» fisamment lesté, les aliments ne peuvent être
» convenablement digérés et le corps ne s'assi-
» mile pas la totalité des principes nutritifs qu'ils
» contiennent.

» 5. — On obtient la démonstration que les
» bêtes sont suffisamment nourries par le fait
» qu'elles sont dans l'état le plus prospère et
» remplissent entièrement le but de leur desti-
» nation.

» 6. — La preuve qu'elles sont rassasiées ré-
» sulte de ce qu'elles ne veulent plus manger.
» Une bête régulièrement et complètement nour-
» rie mange jusqu'à ce qu'elle soit rassasiée et
» pas plus qu'il ne convient à son bien-être. Il
» n'y a que les bêtes qui souffrent de la faim
» qui se donnent des indigestions.

» 7. — La nutrition et la satiété au point le
» plus convenable, ne s'obtiennent que par de
» bon foin ou du fourrage tel qu'il équivaille à

» de bon foin en facultés nutritives et en volume.

» 8. — Une partie des principes nutritifs contenus dans le fourrage est, avant tout, nécessaire à l'entretien de la vie.

» 9. — L'entretien de la vie, ou pour parler plus exactement, le maintien de l'animal au même poids, exige une quantité de principes nutritifs proportionnée à ce poids de l'animal vivant.

» 10. — Si les principes nutritifs contenus dans les aliments ne sont pas suffisants pour cet entretien, la bête diminue de poids Si au contraire, il y a excédent de principes nutritifs, la bête augmente de poids; elle engraisse, elle grandit, ou elle fournit d'autres produits par le travail, le lait, etc. »

Voici l'énumération des avantages que présente la nourriture complète des bêtes par un cultivateur distingué.

« 1. — La même quantité de fourrage, consommée par dix vaches, produit plus de lait que si elle était consommée par quinze, même par vingt vaches.

» 2. — Ces dix vaches exigent un moindre capital, par conséquent leur compte a moins

» d'intérêts à servir et le produit net est beau-
» coup plus considérable

» 3. — Avec moins de bêtes on a moins de
» risques.

» 4. — On a aussi moins de travail pour les
» soins à leur donner ; par conséquent économie
» de soins et de main d'œuvre.

» 5. — Une bête grasse à réformer pour une
» cause quelconque a une bien plus grande va-
» leur qu'une bête maigre.

» Si un accident survient à une bête maigre,
» elle est presque totalement perdue.

» 6. — Si la paille que mangeraient vingt
» vaches sert à faire à dix vaches une litière
» abondante, les dix vaches font plus de fumier
» et, parce qu'elles sont bien nourries, ce fu-
» mier est de meilleure qualité.

» 7. — S'il survient une année de disette, on
» peut encore, en réduisant la nourriture, con-
» server toutes les bêtes et ne pas être forcé de
» vendre, ce qui, dans de telles circonstances,
» n'a jamais lieu qu'avec grande perte.

» 8. — Des bêtes toujours bien nourries man-
» gent régulièrement et ne sont pas exposées aux
» accidents qui arrivent si souvent avec des bê-
» tes affamées.

Le cheval, le mulet et le cochon sont des animaux à peau très-épaisse, qui diffèrent des ruminans par leur estomac qui est simple et impropre à la rumination.

Ils ont les pieds enveloppés d'une corne ou d'un sabot, qui ne leur permet aucun mouvement, de façon que ces organes ne servent qu'à la sustentation.

Le cheval et le mulet n'ont qu'une corne à chaque pied : mais le cochon a deux sabots et le pied fourchu.

DENTITION DU CHEVAL.

A sa naissance, le poulain à six grosses dents à chaque mâchoire.

Douze jours après, les pinces, c'est-à-dire les deux dents supérieures et inférieures de devant paraissent.

Un mois après, sortent ensuite les mitoyennes, c'est-à-dire les dents qui sont entre les pinces et les coins.

Puis enfin, les coins paraissent au quatrième mois. Ces dents constituent les dents de lait.

A 18 mois, le poulain a cinq dents molaires (cinq grosses dents) à chaque mâchoire, trois de lait et deux de remplacement.

A deux ans, les premières dents molaires de lait de chaque mâchoire tombent,

De deux ans et demi à trois ans, les pinces tombent.

A trois ans et demi, la chute des secondes molaires de lait et des mitoyennes a lieu.

A quatre ans, le cheval a six grosses dents de chaque côté, cinq de cheval et une de lait : c'est vers cette époque que tombent les coins et la dernière dent molaire de lait.

Enfin à cinq ans, les crochets et les crocs de dents du cheval percent à leur tour.

A six ans, les pinces de la mâchoire inférieure sont usées ou rasées : les mitoyennes sont rasées à sept ans.

A huit ans les coins sont rasés.

La durée moyenne de la croissance du cheval et du mulet est de quatre à cinq ans.

La durée de leur vie de 20 à 25 ans.

La durée moyenne de la gestation de la jument est de trois cent trente jours.

Le cheval et la jument forment la race chevaline.

L'accouplement du baudet et de la jument produit la race mulassière.

Le cochon et la truie croissent jusqu'à 2 ans. La truie porte cent vingt-six jours.

Le cochon et la truie forment la race porcine.

Le logement, la propreté, le pansement et le régime alimentaire des animaux domestiques doivent être l'objet de tous les soins du Cultivateur.

Les écuries et les étables devront être bien aérées, privées d'humidité, et pourvues de plusieurs ouvertures, dont l'une sera diamétralement opposée, pour obtenir le renouvellement de l'air intérieur : elles seront bien closes pendant l'hiver pour avoir une température plus élevée que la température extérieure.

On donnera à la distribution des étables une grande extension et des proportions tout-à-fait en rapport avec le nombre des animaux qui y seront logés en évitant l'encombrement, d'où résultent très-souvent les maladies.

Les rateliers, les mangeoires, le sol qui reçoit les litières, tout y sera maintenu dans la plus grande propreté.

Les déjections animales seront enlevées le plus promptement possible, en évitant surtout de laisser s'accumuler dans les étables comme cela se pratique encore aujourd'hui les fumiers qui vicient l'air, en dégageant des miasmes putrides.

Les soins de propreté ne se borneront pas au local des étables, ils doivent s'étendre aussi aux animaux qu'on y renferme : le pansement de la main, à l'aide de brosses et d'étrilles donne de l'énergie à la peau, de la vigueur et de la souplesse aux membres.

Qui ne sait que les bestiaux qu'on engraisse commencent par éprouver à la peau une très-vive démangeaison, qu'il est facile de faire cesser en favorisant la transpiration et la circulation.

Ces épaisses couches de fiente, comme plaquées par superposition les unes sur les autres. que l'on voit sur les parties extérieures des cuisses du bœuf, que le Cultivateur engraisse, ne dénotent-elles pas clairement l'incurie de celui-ci? il y perd doublement : d'un côté, le défaut de soins et la malpropreté nuisent au prompt engraissement et peuvent déterminer des maladies graves ; de l'autre, le renouvellement plus fréquent des litières augmenterait la masse des fumiers.

Le régime alimentaire des animaux sera sain et de bonne qualité, il sera proportionné à leur âge, à leur force, à leur appétit et surtout à leur travail ; la nourriture sera distribuée par portions à des époques constantes et réglées de la journée,

Leur boisson sera de l'eau pure : les eaux croupissantes contenant en suspension des matières en fermentation sont très-nuisibles.

On évitera de faire boire les animaux quand ils seront échauffés par un exercice violent.

DES INSTRUMENTS ARATOIRES.

De tous les organes de l'homme, la main est peut-être celui qui sert le mieux son intelligence et qui a le plus contribué au développement de son génie.

La main de l'homme est l'instrument qui a créé tous les autres.

La charrue est un levier dont la puissance nourrit le monde.

L'homme qui fait mouvoir en France cette puissance est loin de jouir de la considération qu'il mérite à tous égards.

Hommes d'état, parcourez les campagnes ; pénétrez sous le toit de chaume du Laboureur, vous n'y trouverez point le confortable ; mais en revanche, une hospitalité franche et cordiale, vous y sera offerte.

Vous y trouverez, entendez-vous bien ! ce qui fait la base de tout état social, des mœurs douces et austères dans toute leur pureté.

Vous y trouverez les vertus d'un autre âge, la paix, l'union, la religion, l'amour filial, l'ordre assis au foyer domestique.

Honorez donc l'Agriculture : et l'Agriculteur oublié, jusqu'à ce jour, sera enfin honoré.

Créez de toutes parts, multipliez à l'infini des bras moteurs de ce puissant levier dont je viens de vous parler et qui tient en suspend le salut de la société.

Faites beaucoup, je dirai même, faites tout pour l'Agriculture : car si la France peut encore devenir prospère, la prospérité de la France est là !

La bèche est un instrument de fer, large, aplati et tranchant, muni d'un manche de bois.

La houe est un outil à lame large et recourbée faisant environ un angle de quarante-cinq degrés avec la douille. Le manche est courbé et plus court que celui de la bèche.

La houe fourchue est divisée en deux lames ou dents plates.

La houe à cheval avec laquelle on sarcle, on butte avec la plus grande célérité.

Le sarcloir à main sert à arracher les mauvaises herbes, à sarcler, à biner.

Le rouleau, cylindre en pierre, sert à ameublir, tasser la terre, couvrir les semences.

La herse, instrument en bois, garni sur l'une de ses faces de plusieurs rangs de dents en bois ou en fer, destinée à recouvrir les semences, ou à rompre les mottes d'une terre labourée.

Le semoir, machine destinée à distribuer la semence avec plus d'exactitude et d'économie.

La charrue, machine à labourer la terre, composée le plus ordinairement d'un train monté sur deux roues, d'un instrument de fer appelé *soc*, placé horizontalement, d'un fer tranchant nommé *coutre*, situé presque verticalement, du *versoir* qui sert à retourner la terre fendue et soulevée par le soc et tranchée par le coutre et des *mancherons* à l'aide desquels le laboureur dirige et maintient la charrue.

La charrue doit être très-simple, très-légère, peu couteuse, sans ces avant-trains lourds et compliqués qui augmentent le tirage.

Les bœufs ou les chevaux y seront attachés le plus près qu'on pourra du point de résistance, avec la facilité de pouvoir donner à volonté plus ou moins de profondeur au sillon, tout en soulevant et rejetant de côté avec le moins d'efforts possible, la terre qu'on laboure.

C'est ce que l'on est parvenu à faire avec la charrue Dombasle, modifiée dans la Vendée par M. Tillier, de Sainte-Hermine et avec l'araire de Rosé.

DES ATTELAGES.

La méthode d'attelage usitée en France est généralement mauvaise.

Il reste beaucoup à faire pour fixer d'une manière simple, solide, économique et avantageuse les animaux à la flèche.

Le bœuf devrait tirer de l'avant ou des épaules et non de la tête.

Le cheval et le mulet devraient tirer également des épaules et non du cou.

C'est en effet, sur les épaules où réside la principale force de l'animal, qu'on devrait faire porter tout le tirage. Il serait facile d'y parvenir, en rendant le tirage d'horizontal qu'il est, beaucoup plus oblique ; en effet, il suffirait d'élever sur le collier le point d'insertion, où s'accrochent les traits et d'éviter de le placer sur l'articulation de l'épaule pour ne pas gêner les mouvements du cheval.

Car observons que, si la direction des traits fixés au collier est horizontale, le tirage se faisant en ligne droite forcera le collier à remonter le long de l'épaule du cheval et comprimera la gorge et le cou qui souffriront la plus forte partie du tirage, au point que dans les grands efforts la respiration sera souvent compromise.

Il est à remarquer aussi que les colliers sont, en général, beaucoup trop pesants : en les rendant plus légers, on débarrasserait les épaules et le garrot du cheval d'un poids incommode qui les blesse parfois et entretient à la peau un échauffement et une irritation continuels.

Dans les exploitations rurales, le service des bœufs est tout aussi profitable que celui des chevaux, des mulets ou des mules.

Les bœufs labourent moins vite, il est vrai, mais ils coûtent beaucoup moins à nourrir ; ils sont moins délicats que le cheval et vivent très-bien des herbes des prés humides.

Leurs harnais sont moins dispendieux et on ne les ferre que très-rarement. Les chevaux, les mulets et les mules perdent de leur valeur dès l'âge de sept à huit ans, tandis que le bœuf gagne chaque année de plus en plus, se vend avantageusement et s'engraisse pour la boucherie.

En définitive, il se fait beaucoup moins de culture par les chevaux que par les bœufs.

DES LABOURS.

Qui apprend les sciences et ne pratique pas ce qu'elles enseignent, ressemble à un homme qui laboure et qui ne sème pas.

Laboure les terres légères à la pluie, les terres fortes à la rosée.

Le bon labour et le bon semis tiennent à l'homme et point au jour ni à la lune.

La misère regarde à la porte du bon Laboureur et n'entre pas.

Laboure, fume, sème, sarcle ton champ, et demande ta moisson par tes prières, comme si elle devait tomber du ciel.

C'est le bon labour qui fait connaître la véritable valeur du Cultivateur, comme le feu développe les parfums de l'encens.

Celui qui peut supporter les plus grands travaux — est celui qui peut résister aux plus longs.

Qui veut jouir des douceurs de la richesse, doit accepter l'amertume du travail.

Le labour est la façon qu'on donne aux terres en les cultivant.

On sait la puissance fertilisante des labours :

en remuant, en déplaçant le fonds de la terre arable pour le ramener à la surface, on rend le sol perméable aux influences atmosphériques et à l'action vivifiante de l'air, à l'eau qui y filtre plus vîte et aux racines des plantes qui s'y enfoncent plus profondément.

Ce n'est que par les labours qu'on obtient une terre bien aérée, bien ameublie, perméable à l'humidité et à la chaleur, et favorable à la végétation.

Ainsi, avec la herse, la houe à cheval, l'araire à butter, hersez, sarclez, binez et remuez le sol sur une vaste étendue, vous en apprécierez presque instantanément les bons résultats.

Chaque année, avant l'hiver, labourez toutes les terres que vous destinez aux cultures du printemps.

Les labours se font à sillons, à planches ou à plat. On doit sans contredit préférer le labour à plat.

On en reconnaîtra facilement les avantages dans les terres argileuses.

En effet, ces terres, labourées à sillons, retiennent dans la raie de chaque sillon les eaux qui forment comme autant de petits réservoirs qui font pourrir les racines du plan qu'ils noient.

Labourées à plat, le même inconvénient n'existe plus : le sol s'imbibe également dans tous les points et l'évaporation des eaux superflues s'opère en même temps sur toute la surface.

D'ailleurs, quand on laboure à sillons, il existe entre chaque sillon un intervalle nu et non ensemencé.

Dans les sols légers, la terre du sillon se soulève par l'action des gelées, puis tombe au dégel dans la raie et le jeune plant se trouve déraciné.

Doit-on labourer profondément ? sans doute : car les récoltes sont en raison de la profondeur des labours.

Dans nos bocages il existe des terres très-légères, vulgairement appelées *maigres, venteuses, pourries*, qui reposent sur un sous-sol purement argileux. Elles portent leur amendement avec elles : labourez-les profondément ; ramenez à leur surface une partie de cette couche argileuse, de cette terre jaune ; le mélange de cette argile ou terre jaune avec la couche supérieure lui donnant plus de consistance et modifiant sa nature l'améliorera sensiblement.

Cette terre, en effet, de maigre qu'elle était, deviendra argilo-sablonneuse, sera plus profonde, et traitée par la chaux, conviendra à toutes les cultures.

DES PLANTES.

L'étude et la culture des plantes nous portent naturellement à l'amour de Dieu.

Dieu a créé les plantes pour les besoins et la nourriture de l'homme et des animaux.

Sa main toute-puissante a répandu sur la terre les innombrables espèces de végétaux, dont le plus petit comme le plus grand sont d'une utilité incontestable.

Voyez comme les plantes revêtent à l'infini toutes les nuances de la couleur verte, qui tempère la vive lumière du soleil dont nos yeux ne pourraient, sans ce riche tapis de verdure, supporter l'éclat.

Les arbres de nos forêts servent à la construction de nos habitations et de ces gigantesques machines qui sillonnent les mers, pour porter dans les contrées lointaines les produits de notre commerce et de notre industrie.

Ils servent à la construction de nos meubles, de nos instruments et de nos ustensiles.

Ils fournissent les bois de chauffage, en servant d'aliment au feu.

C'est avec le bois qu'on obtient le charbon qui entre dans la composition de la poudre à canon : le charbon, qui produit la vapeur, dont la force puissante tient du prodige et dont les effets comblent les distances et dévorent l'espace.

Les plantes textiles, ou propres à faire des tissus, au nombre desquels figure au premier rang le lin, dont les fibres de la tige produisent un fil avec lequel on fabrique les plus belles toiles.

Puis le cotonnier, arbuste des Indes, sur les graines duquel on trouve une espèce de bourre, formée de longs filamens blancs, doux et soyeux : c'est le coton, avec lequel on confectionne des étoffes très-recherchées.

On trouve dans une seule famille de plantes l'Ipécacuanha ; le Quinquina dont l'emploi en médecine a produit de si heureux effets, qu'il est connu de tout le monde ; la Garance, qui a enrichi la teinture de cette belle couleur rouge qui porte son nom ; le Café, dont l'usage est universellement répandu et un grand nombre de végétaux qui font l'ornement de nos jardins, etc.

Les arbres fruitiers tels que les poiriers, les pommiers, les pruniers, les pêchers, les cerisiers, la vigne, etc., se sont chargés de fruits les plus savoureux par la culture et par l'opération de la greffe et de la taille, comme si Dieu n'avait voulu la félicité de l'homme, qu'en ne l'accordant qu'à ses travaux.

Les légumes dont les espèces sont si nombreuses et les plantes alimentaires qui viennent dans toutes les contrées du globe.

Examinez attentivement cette petite plante que le laboureur vient de semer à l'automne dans les champs cultivés de sa métairie. Elle est encore sans tige : elle n'a que deux à trois feuilles allongées, couchées sur le versant du sillon ; elle est bien grèle et bien faible et cependant les hivers longs et rigoureux, les fortes gelées, qui détruisent les mauvaises herbes, ne peuvent rien contre elle ; elle résiste au froid et aux intempéries de l'atmosphère, elle se développe au printemps, et sa tige se couronne d'un bel épi.

O bienfaits de la Providence ! tous les peuples de la terre ne manqueront jamais de pain.

Oui ! toutes ces plantes, si utiles et si indispensables à nos besoins, nous donnent certainement des preuves bien évidentes de la bienveillance divine !

DES PÉPINIÈRES.

Plante des arbres, et le bien que tu feras te survivra : car tes enfants en cueilleront les fruits, et le voyageur goûtera l'ombrage de ton chêne hospitalier. E. D.

Les gros arbres, les plantes salutaires et les gens de bien ne naissent pas pour eux-mêmes, mais pour rendre service aux autres.

Chaque feuille d'un arbre est aux yeux du sage un feuillet du livre qui enseigne la connaissance du créateur.

Les plantes faibles et grimpantes semblent avoir un œil à l'extrémité de leur tige, de leurs vrilles qui sont comme des mains, à l'aide desquelles elles saisissent les corps environnants.

E. D.

Le fruit suit la belle fleur comme l'honneur suit la belle vie.

La tempérance est un arbre, qui a pour racine le contentement du peu et pour fruit le calme et la paix. (Maximes).

Une pépinière est indispensable dans toute exploitation agricole.

Aussi le bon Agriculteur devra-t-il y cultiver les plants d'arbrisseaux destinés à l'entretien des clôtures, les plants d'arbres propres à donner des bois de construction et de chauffage et les plants d'arbres fruitiers.

L'épine blanche ou l'aubépine est d'ordinaire l'arbrisseau employé à la formation des haies, des buissons ou des palissades vives, son fruit est rouge, arrondi, de la grosseur du pois et contient de petits noyaux (nucules osseux) qui ne germent qu'au bout d'un an.

Le Cultivateur intelligent aura une pépinière bien fournie de plants d'aubépine.

C'est avec ce plant qu'il entretiendra les haies de sa ferme, après en avoir relevé les fossés dans les espaces dégarnis au lieu de faire à grand frais tous les trois ans des palissades sèches : en effet, l'entretien de ces clôtures lui occasionne une perte de temps considérable et une dépense énorme de bois.

Les semis de glands, de châtaignes, les plants de peupliers seront aussi très-abondants dans cette pépinière ; les graines de frêne n'y seront semées qu'après leur germination qui n'a lieu qu'au bout d'un an.

Les plants d'arbres fruitiers se composeront de poiriers, de pommiers, de cerisiers, de pruniers, de châtaigniers, de noyers, etc.

Tous ces jeunes plants seront soumis à l'opération de la greffe, que l'on ne pratiquera qu'avec des espèces de choix.

DES JACHÈRES.

—

Le père enseigne à ses enfants la morale sainte du fils de Dieu : il développe dans leur jeune cœur le germe des vertus chrétiennes ; et leur esprit cultivé produira de bons fruits. Pourquoi le Laboureur laisserait-il son champ en jachère ? la terre inculte ne produit-elle pas que de mauvaises herbes ?

La terre inculte, couverte de ronces, d'épines et de chardons, ressemble au mendiant dont les haillons et la misère ne peuvent cacher la vermine qui le dévore. E. D.

L'ignorance est un état d'enfance perpétuelle ; elle suppose l'oisiveté qui engendre tous les vices. L'homme instruit peut bien n'être pas heureux ; mais il a de plus que l'ignorant de savoir ce qu'il doit faire pour sortir du malheur.

Jouis des bienfaits de la Providence, voilà la sagesse ; fais-en jouir les autres, voilà la vertu.

(MAXIMES).

Qu'est-ce qu'une jachère ? c'est l'état d'une terre labourable en repos.

Les jachères comprennent dans nos bocages les champs en repos, dont la récolte a été enlevée l'année précédente, les champs de genets, d'ajoncs désignés par le nom de pâtis ; les broussailles, les landes, les bruyères, c'est-à-dire les deux tiers environ de la superficie du sol.

Ces jachères, pour la plupart, restent en permanence pendant sept à huit ans et ne produisent qu'un pâturage rare et peu nourrissant, lieux ordinaires de parcours des animaux de chaque ferme.

Ce n'est qu'après ce laps de temps, que le défrichement partiel de ces jachères a lieu au moyen d'un attelage de dix à douze bœufs. Puis, au bout de trois à quatre ans, cette terre défrichée à grands frais, inconsidérément épuisée par trois récoltes successives de céréales n'est plus cultivée : elle redevient jachère, destinée de nouveau au pâturage des bestiaux et ne produit plus que des ajoncs, des genêts ou des bruyères, qu'il faudra défricher encore.

Dans les plaines et dans les contrées où le sol est meilleur, on cultive un tiers des terres labourables en froment, un tiers en orge et froment, ou en avoine, ou en baillarge, et on laisse l'autre tiers en jachère; ou bien encore, on fait alterner une année de culture à une année de jachère.

Telle est la méthode de culture encore en usage dans la majeure partie de la France.

Cette méthode est vicieuse; elle n'est point variée; elle est uniforme, et qui, pis est, elle est épuisante. Elle n'est point économique, car ce n'est qu'à grand frais de culture donnée durant toute l'année, qu'on parvient à obtenir un sol bien préparé.

Elle n'est point productive pour le bétail dont elle réduit forcément le nombre en ne lui donnant pour toute nourriture qu'un maigre pâturage et qu'un fourrage sec et peu substantiel.

Elle est donc mauvaise, puisque sans bétail on n'a point d'engrais, et que, sans engrais, il n'y a pas d'agriculture possible.

DES ASSOLEMENTS OU DE LA CULTURE ALTERNE.

> Le tableau de la nature est varié et toujours nouveau ; que vos cultures soient variées comme elle. (E. DAVID).

Cultivateurs ! apprenez qu'une bonne méthode de culture rend le travail plus facile, plus prompt et plus productif.

Apprenez que la terre produit en raison de ce qu'on lui donne ; il est donc de votre intérêt que vous soyez largement indemnisés de toutes les avances que vous lui ferez ; et comment atteindrez-vous ce but? Vous l'atteindrez en variant vos cultures, en multipliant les fourrages artificiels : vous l'atteindrez par les assolements ou la culture alterne.

Mes amis, je voudrais vous êtes utile : si je pouvais, par mes conseils, vous procurer l'aisance honnête, le bonheur et les douces joies du foyer domestique, je serais heureux de compter pour quelque chose dans la petite somme des jouissances que la Providence vous aurait répartie!

La pratique de l'art des assolements constitue la base de la science agricole.

L'assolement, c'est l'art du Cultivateur : l'assolement, ce mot dit toute l'Agriculture.

L'art d'assoler les terres consiste à les diviser en plusieurs soles, de manière à faire alterner les cultures et à varier avec plus d'avantage les productions successives du sol.

La sole est une certaine étendue de terre, sur laquelle on fait successivement par années des récoltes sarclées, des prairies artificielles et des blés.

On a constaté, déjà depuis longtemps, par de nombreuses expériences que, si certaines cultures épuisent la terre comme les blés, il en est d'autres qui l'améliorent comme les plantes à fourrages : par conséquent, le sol ne devrait donc jamais rester improductif ou en repos.

Ici une observation : Sachez que le blé n'épuise la terre que parce qu'il mûrit sur le sol ; en général, toutes les plantes qui portent graine et se dessèchent sur le terrain sont épuisantes.

Sachez que toutes les plantes ont besoin, pour la formation et la maturation de leurs graines ou de leurs fruits, de puiser dans le sol une quantité excessive de principes nutritifs ; leurs racines absorbent au moment du travail de la reproduction tous les sucs des engrais déposés dans le sein de la terre.

Disons donc que toute plante, qui parvient à maturité, altère, épuise la terre sur laquelle elle a porté graine ; et que toute plante, fauchée avant d'avoir porté graine, non-seulement n'épuisera pas le sol, mais l'améliorera, si, comme la luzerne, le trèfle, la lupuline, la jarousse, etc., elle est intolérante, c'est-à-dire si elle étouffe les mauvaises herbes.

Cela posé, la marche des travaux agricoles à exécuter n'est-elle pas toute tracée au Cultivateur? et en effet, n'aura-t-il pas le plus grand intérêt à varier ses récoltes et à en obtenir plusieurs dans la même année, au lieu de deux en trois ans et même en quatre ans, comme ça se pratique encore ?

Mais si tous les champs sont cultivés, s'il n'y a plus de pâtis, tels que champs de genêts, d'ajones, de fougères ou de landes, comment nourrir les bestiaux au pacage ?

Convenez que ces pâtis n'offrent qu'un maigre pâturage, qu'une terre stérile, qui ne pourront jamais être mis en ligne de comparaison avec les prairies artificielles que l'on pourra faucher ou faire manger sur place.

Si l'on cherche la cause qui s'est opposée jusqu'à ce jour à la rotation des cultures dans un grand nombre de localités, on la trouvera tout d'abord dans l'ignorance des Cultivateurs et dans l'accomplissement d'un fait consacré par l'usage des lieux ; c'est que le froment étant considéré comme le principal revenu du sol, le Cultivateur ne voit et n'est habitué à voir pour résultat de ses travaux que du froment et fait toujours, en conséquence, rapporter au sol des blés deux fois successives et sème froment après froment ; on la trouvera encore dans les conventions des baux à ferme, le maître exigeant les prix de ferme moitié en blé moitié en argent.

Mais enfin guidé par l'expérience, le Cultivateur verra qu'avec plus de soins et plus d'engrais en confiant à chaque terre ce qu'elle peut nourrir avec avantage, suivant son état, sa nature et sa profondeur, il aura sur une surface donnée trois fois plus de produits que d'après le mode de culture encore en usage aujourd'hui.

DES PRAIRIES ARTIFICIELLES.

Veux-tu blé, fais des prés.
Sans prés, point de fumier.
La terre se repose par le pré.
Un pré rapporte plus qu'un blé.
Un pré défriché vaut trois champs.
Point de culture sans prés.
Qui fait des prés s'enrichit, qui n'en fait pas, s'appauvrit.
Dans toute terre qui donne du blé, on peut faire aisément un pré.
Il en coûte moins pour faire un pré, que pour faire un blé. (Jacques BUJAULT).

Parmi les plantes à fourrages qui entrent dans la formation des prairies artificielles, on doit mettre au premier rang celles de la famille des légumineuses, tels que la luzerne, le trèfle de Hollande, le sainfoin, la lupuline, le trèfle incarnat, le trèfle blanc, la jarousse ; puis l'ivraie vivace ou ray-grass et la pimprenelle.

La luzerne est une plante à racines pivotantes ; elle exige une terre profonde, calcaire ou franche, bien ameublie et fumée depuis longues années.

Elle réussit aussi dans les sols argilo-siliceux, qui reposent sur des couches schisteuses ou sablonneuses perméables, quand ils ont été amendés depuis longtemps avec la chaux et ameublis par de très-profonds labours.

Que les Cultivateurs de nos bocages continuent l'emploi de la chaux dans leurs champs ; et toutes les terres à base d'argile et de sable, qui forment une épaisse couche végétale au-dessus d'un fond perméable à l'humidité deviendront propres à la culture de la luzerne.

C'est une plante riche, abondante en fourrages et dont la culture est encore inconnue à la plupart des habitants de nos bocages ; c'est bien dommage : elle paie au centuple les dépenses et les travaux de celui qui la cultive et le terrain reste amélioré pendant une longue suite d'années.

Semez à la fin d'avril ou au commencement de mai 4 kilogrammes de graines par 16 ares, sur un guéret bien ressuyé par un beau temps.

Il est inutile de semer la luzerne avec la baillarge; la luzerne seule réussit mieux.

La luzerne peut durer 15 à 20 ans; mais elle ne peut reparaître sur le même sol que 12 ans après.

45 kilogrammes de luzerne sèche équivalent en nourriture à 50 kilogrammes de bon foin.

Le trèfle de Hollande se sème au printemps sur la baillarge ou sur un froment hersés.

Il aime les terres substantielles, bien ameublies.

Dans le bocage, il demande une terre amendée avec la chaux et prépare admirablement la terre pour le froment quand il est rompu la seconde année.

Semez 4 kilogrammes de graines par 16 ares et faites en sorte que le trèfle rompu la deuxième année ne reparaisse sur le même sol que six ans après au moins, si vous voulez que votre terre lui convienne pendant longtemps.

45 kilogrammes de trèfle sec équivalent à 50 kilogrammes de foin de bonne qualité.

Le sainfoin fait les bonnes récoltes de froment: il renouvelle par son action améliorante les terres épuisées.

Il convient aux terres calcaires légères.

On pourrait aussi l'obtenir dans les terres à luzerne et à trèfle, après les avoir amendées pendant longtemps avec la chaux.

La graine de sainfoin n'est bonne que la première année ; il se sème au printemps sur baillarge, 4 kilogrammes de graines par 16 ares.

40 kilogrammes de sainfoin sec équivalent à 50 kilog. de bon foin.

Le sainfoin peut reparaître sur le même sol trois ans après qu'il a été rompu.

La lupuline est, suivant Bujault qui l'a popularisée sous le nom de Bujoline, le meilleur fourrage connu et celui qui soutient le mieux le pâturage.

Elle se sème au printemps sur les baillarges dans les sols calcaires et dans les terres du bocage qui ont été depuis longues années améliorées avec la chaux.

Sa graine dure sept ans ; il en faut 4 kilogr. par 16 ares.

Le trèfle incarnat vient dans les terres légères, plutôt sèches qu'humides. On sème en août et en septembre la graine en bourre, quand les blés sont coupés sur un labour ou sur un simple hersage.

Assez bon fourrage vert, très-hâtif.

La vieille graine ne lève pas. Semez 4 kilog. par 16 ares

85 kilog. de trèfle incarnat sec équivalent à 50 kilog. de bon foin.

Croira-t-on que la culture du trèfle blanc, cet excellent fourrage, est encore inconnue dans nos bocages, dans nos terres humides et argilo-siliceuses, où il viendrait si bien ?

Terrassez de vieilles prairies naturelles, envahies par la mousse et semez du trèfle blanc : vous les aurez renouvelées.

Dans la commune que j'habite, il est des sols, qui, trop humides par leur nature pour être ensemencés en blé, restent incultes, sont pour ainsi dire improductifs et ne forment que de maigres pâturages, où le petit ajonc, les épines, la ronce et le jonc, croissent spontanément. Défrichez-les, amendez-les avec la chaux, améliorez-les avec des engrais, creusez de profondes rigoles d'écoulement ; puis, semez le trèfle blanc et le ray-grass. Vous aurez centuplé la valeur de ces terres

Je dois faire ici deux remarques importantes : 1° c'est qu'on ne doit pas faire pâturer la première année toutes ces plantes fourragères ;

2° c'est qu'on ne doit pas craindre que le trèfle et la luzerne distribués à l'étable soient dangereux au bétail, parce qu'ils sont humides de rosée ou de pluie.

Car ces plantes ne sont dangereuses, que lorsqu'elles se sont échauffées en tas ou qu'elles sont légèrement fanées par le soleil.

FOIN DE LUZERNE ET DE TRÈFLE.

La luzerne et le trèfle que l'on destine à faire du foin doivent être fauchés, la première avant sa floraison, le second, lorsqu'il fleurit.

La meilleure méthode, pour faire sècher ces fourrages, est sans contredit, la méthode Klapmayer, usitée généralement en Allemagne : elle consiste à mettre en tas de trois mètres de largeur, le trèfle et la luzerne fauchés de la veille, à les fouler bien également, tout en donnant à cette meule le plus de hauteur que l'on pourra, sous la forme d'un cône ; la fermentation s'établit promptement dans la masse et lorsqu'elle s'est élevée à un dégré de chaleur telle, que l'on ne peut plus tenir la main dans l'intérieur et qu'il s'en échappe une vapeur intense, quand on pratique une ouverture, on étend de suite ce fourrage que le soleil ou le vent dessèche bien promptement. Par ce procédé, les feuilles ne se détachent point des tiges de la plante et la fermentation qu'a subie le fourrage lui donne une couleur brune et une saveur sucrée — très-recherchée des bestiaux.

La jarousse est un excellent fourrage vert et un très-bon fourrage sec.

Elle demande une terre forte, plutôt que maigre et légère. Elle se sème dès septembre; on y ajoute un quart d'avoine, de seigle ou d'orge. On peut aussi la semer au mois de mars pour avoir un fourrage vert au mois de juillet.

Les Cultivateurs du bocage devraient en couvrir le sol qu'elle fertilise si bien.

40 kilog. de jarousse sèche équivalent à 50 k. de bon foin.

Le ray-grass aime les terres humides, fortes et bien fumées; il convient à nos bocages.

Semez au printemps 8 kilog. de graines par 16 ares : c'est un très-bon fourrage.

La pimprenelle se sème au printemps dans les terres un peu sèches et fournit un bon pâturage aux moutons et aux vaches.

Elle est très-vivace, puisqu'elle pousse l'hiver et dure 4 ans.

Semez 6 kilog. de graines par 16 ares. C'est un mauvais fourrage sec.

La graine se conserve trois ans.

En général, semez épais toutes les graines des plantes dont je viens de parler. La prairie réussit mieux et le fourrage est meilleur.

DES RÉCOLTES SARCLÉES.

Les récoltes sarclées remplacent les jachères.

Ces récoltes sarclées exigent des binages et des labours, soit à la main, soit à la houe à cheval, soit à l'araire à butter, qui détruisent les mauvaises herbes et qui exposent toutes les parties du sol au contact vivifiant de l'air, en tenant lieu des labours d'été qui se pratiquent encore aujourd'hui dans les guérêts.

Les récoltes sarclées comprennent les choux verts, les betteraves champêtres, les pommes de terre, les carottes, les navets, les rutabagas, le maïs et le colza.

Les choux verts viennent dans toutes les terres;

mais ils exigent beaucoup d'engrais, de profonds labours et un sol bien ameubli.

Un champ de choux verts est une ressource précieuse et inépuisable ; les feuilles de cette plante, que l'on cueille pendant l'automne et l'hiver, fournissent une nourriture abondante et substantielle aux animaux.

Les Cultivateurs devraient les multiplier davantage.

16 ares de choux verts ne sont pas de trop pour chaque bête à cornes.

La graine se sème en pépinière au mois de mars et on en repique le plant au mois de juin, en les espaçant de 80 en 80 centimètres environ.

La graine se conserve pendant 6 à 7 ans.

Il faut 300 kilog. de feuilles de choux verts pour faire l'équivalent en nourriture de 50 kilog. de bon foin.

Les betteraves champêtres se sèment en mars en pépinière pour replanter à la distance de 40 centimètres, quand les racines du plant sont de la grosseur du doigt.

Ou bien encore elles se sèment sur place dans une terre douce, profonde, meuble et bien fumée : on cueille les feuilles pendant l'été, et en octobre on récolte les racines qui acquièrent parfois un volume très-considérable, pour les faire manger l'hiver, à l'étable.

On cultive deux variétés de betteraves : la rose longue, ou racine de disette, et la betterave de Silésie ; cette dernière est plus sucrée et meilleure pour la nourriture du bétail.

Leur chair est sucrée et très-nutritive.

La graine est bonne pendant 4 à 5 ans.

150 kilog. de betteraves équivalent à 50 kilog. de bon foin.

Les carottes fournissent une excellente racine fourragère, fort saine, très-nourrissante, d'une saveur douce et sucrée, mais d'une culture difficile, les semis ne réussissant pas toujours.

Semez, en mars et en avril dans un sol profond, sablonneux et bien fumé, 5 à 600 grammes de graines par 16 ares.

La graine se conserve 4 à 5 ans.

100 kilog. de carottes font l'équivalent de 50 kilog. de foin.

Les navets viennent dans toutes les terres, mais sont bien plus nutritifs dans les sols calcaires et sablonneux.

Leur chair est souvent fade et peu délicate ; ils présentent l'avantage de croître en très-peu de temps et parviennent souvent à leur grosseur en six semaines.

Les choux verts, les betteraves, les carottes et les navets, il n'y a rien au-dessus de cela! Mangées à l'étable, ces plantes favorisent la production de la graisse et améliorent la quantité des fumiers qu'elles augmentent.

On sème les navets d'ordinaire de juillet à la mi-août. La graine se conserve 6 ans.

250 kilog. de navets nourrissent autant que 50 kilog. de bon foin.

Les choux-raves, ou rutabagas, ont une racine considérablement développée et renflée, très-substantielle et plus nourrissante que celle des navets, mais la culture en est plus difficile. Les semis se font en pépinière, et on repique le plant comme celui des choux verts.

On distingue le choux-rave blanc, le violet et le jaune qui est le plus estimé.

La graine dure 6 ans.

160 kilog. de rutabagas équivalent à 50 kilog. de foin.

Toutes ces racines fournissent l'hiver une ressource inappréciable pour nourrir les bestiaux à l'étable, pour les maintenir en bon état et pour faire une grande quantité de fumier.

La pomme de terre. — C'est à Parmentier

que l'on doit l'introduction en France de la culture de la pomme de terre.

Les racines de la pomme de terre sont pourvues de filamens, qui présentent de distance en distance des renflemens charnus, dont la substance est une fécule amilacée, dont la forme est irrégulièrement arrondie, oblongue ou tout-à-fait allongée et dont la surface offre quelques yeux ou germes destinés à reproduire cette plante.

La pomme de terre s'accommode de toutes les natures de terre ; mais elle préfère un sol meuble, léger, sablonneux et bien fumé.

Les semis se font en avril.

Semez donc cette plante dans une terre bien préparée par de bons labours et devenue aussi meuble que possible.

Sarclez , binez souvent et buttez une ou deux fois.

Employez pour le semis les pommes de terre de moyenne grosseur, ou bien séparez les grosses en morceaux, sur chacun desquels vous laisserez un bon œil ou germe. Semez en les espaçant de 40 centimètres.

Ses produits sont en proportion triple de ceux que fournit le froment.

La pomme de terre est une des plantes les plus utiles, soit qu'on l'emploie comme légume sur nos tables, soit qu'on la donne en nourriture aux animaux que l'on veut engraisser.

Bujault l'appelait le pain de la Providence.

Cette plante présente plusieurs variétés : la grosse blanche, tachée de rouge ; la grosse jaune ; la jaunâtre, ou Anglaise hâtive ; la rouge oblongue ; la rouge longue de Hollande, la jaune de Hollande, la rouge longue marbrée ; la pomme de terre de neuf semaines de Hollande, la pomme de terre longue de Marjolin, la plus hâtive.

100 kilog. de pommes de terre crues équivalent pour la nourriture des animaux à 50 kilog. de foin.

44 kilog. de pommes de terre cuites équivalent à 50 kilog. de foin.

Le topinambour est une plante élevée, à fleurs jaunes et à racines qui donnent naissance à des tubercules qui ont des rapports avec ceux de la pomme de terre ; mais ils sont moins nourrissants et privés de substance farineuse.

Il vient dans toutes les terres, à l'ombre et aux plus mauvaises expositions.

On le multiplie par ses tubercules, qu'on doit semer entiers en avril.

Les bestiaux et surtout les moutons se nourrissent fort bien de ses racines et de ses feuilles.

100 kilog. de racines de topinambour équivalent à 50 kilog. de foin.

Le maïs ne convient pas dans les terres froides du bocage ; il exige un sol chaud, léger et bien fumé.

Les bestiaux et surtout les vaches se nourrissent des tiges et des feuilles de cette plante.

Le colza, plante oléagineuse, se sème en juillet, en pépinière, pour être mis en place au mois de septembre en rayons, espacés de 30 centimètres dans un sol meuble, frais, assez profond, bien préparé et bien fumé. Les terres calcaires, argilo-siliceuses et sablonneuses, lui conviennent.

DES CÉRÉALES.

O homme ! quand tu jettes sur le sol un grain de blé, sais-tu bien que, pour qu'il germe, il faut la chaleur des jours et la fraicheur des nuits : et quel est le dispensateur de ces agents qui se succèdent alternativement dans l'atmosphère?

Lève les yeux au Ciel et tu nommeras la Providence, par qui le monde vit et se meut ; tu nommeras la puissance créatrice qui se révèle à toi sous toutes les formes.

E. D.

Celui qui sème des grains est aussi grand aux yeux de Dieu, que s'il avait donné l'être à cent créatures.

Tous les grains de blé, que vous mangez, ont été arrosés de la sueur du Laboureur.

Gouverne ta maison et tu sauras combien coûtent le bois et le blé ; élève tes enfants, tu sauras combien tu dois à ton père et à ta mère.

Sème comme Dieu ; le grain tombé en août lève en septembre.

Si ton père avait fait comme son père, tu mangerais du pain d'orge au lieu de froment.

Tu sèmes l'oignon où était la carotte, pourquoi mettre froment sur froment ?

Le fermier qui mange de l'orge ou du seigle, n'a jamais assez de froment pour payer son maître.

La belle feuille ne fait pas le bel épi.

Le boulanger fait le pain, mais le fumier donne le grain.

Blé tardif n'est jamais gros.

Il faut semer pour moissonner.

Les céréales comprennent le froment, le seigle, l'orge, la baillarge, l'avoine, le millet et le sarrasin.

Le froment vient dans toutes les terres amendées et labourées profondément ; mais il préfère, en général, les terres fortes.

Il se sème dans les terres froides, humides, du 25 septembre au 25 octobre et du 15 octobre au 15 novembre dans les terres sèches, calcaires.

Cultivateurs ! voulez-vous de beau froment ? faites des trèfles, faites des sainfoins : les trèfles, les sainfoins améliorent la terre, engraissent votre bétail et font les bonnes récoltes de blé ; ils préparent admirablement la terre, qu'ils reposent, pour le froment qui l'épuise. Ainsi donc, dans vos rotations de culture, employez une méthode d'assolement telle, que vos blés ne soient semés que sur des trèfles et des sainfoins rompus ; car, c'est la plus économique et la plus expéditive : il faut moins de fumier et il ne faut qu'un seul labour à plat qui enfouit le trèfle ; et c'est la meilleure : car, a dit Bujault, vous aurez, après un pré, triple récolte de blé.

Gardez-vous d'émotter complètement votre guéret et ayez soin de creuser des sillons d'écoulement.

Les espèces de froment sont nombreuses, voici les principales :

1° On comprend parmi les fromens sans barbes :

Le *froment rouge*, blé rouge à épi d'un brun rougeâtre, à grain rouge, arrondi et à paille creuse. Il convient aux terres fortes, froides et un peu humides.

Le *petit rouge*, moins haut que le précédent, a le grain plus gros, un peu moins rouge : sa paille est pleine; il demande une terre moins humide, moins forte.

Le *froment de Talaveira* à épi allongé et blanc, à grain gros, arrondi, blanchâtre et à paille mi-pleine. C'est une des meilleures espèces.

Le *froment blanc,* blé blanc, à épi blanc, à grain oblong et blanc-jaunâtre.

Le *froment de Saint-Nazaire*, à épi épais et serré, court et blanchâtre ; à paille pleine et dure ; à grain arrondi, gros et jaune rougeâtre. Il convient aux terres fortes et humides, bonnes et riches en engrais.

La *Touzelle blanche,* froment rasé, froment hâtiveau, à épi blanc, écarté, à grain rouge-jaunâtre.

2° Parmi les froments barbus, on distingue :

Le froment *Barbu-blanc,* ou *blé-barbu*, *barbichon,* à épi serré blanchâtre, très-allongé, à grain gros, ordinairement tendre.

Le froment *Barbu-rouge, blé rouge, blé-bar-*

bu, froment breton, blé de la baie de Bourgneuf, remarquable par la teinte rougeâtre de son épi, jouit d'une réputation méritée ; il aime les terres du bocage. C'est une espèce rustique qui se plaît dans les terres sauvages.

Le *froment de mars, blé trémois* (de 3 mois), à épi allongé, étalé, grisâtre.

L'*épautre* est une espèce de froment qui résiste mieux aux froids que les autres variétés ; il se cultive dans les pays de montagnes : il a l'épi allongé, très-fragile, les grains deux à deux, assez gros, mais très-difficiles à dégager de la balle.

La *petite épautre* ou *froment Locar,* à épi très-plat, serré, court, à grain solitaire, court : moins estimé et moins productif que le précédent.

Le froment doit principalement ses propriétés alimentaires au *gluten* contenu en abondance dans la farine, qui fait la base du pain et constitue l'une des nourritures les plus saines.

Le *gluten* est une matière collante, d'une couleur grise, nécessaire par sa fermentation à la fabrication du bon pain. Car la fermentation rend le gluten essentiellement nutritif, quand il est uni à la fleur de froment.

Le seigle se cultive dans les sols froids et maigres. Le pain de seigle est d'une couleur brune, d'un goût agréable, d'une densité sensible : il est rafraîchissant et assez substantiel.

L'orge se sème encore dans plusieurs contrées, sous prétexte que le sol n'est pas propre au froment.

La *baillarge, orge distiquée*, se sème en mars dans les sols destinés à faire des prairies artificielles.

Elle fournit aux jeunes plantes fourragères un abri tutélaire contre les ardeurs du soleil.

L'*avoine* s'accommode de tous les terrains. Le grain forme une excellente nourriture pour les chevaux

Le *millet* demande une terre meuble et riche: on le cultive comme fourrage vert et aussi pour sa graine. Il se sème en mai.

Le *sarrasin, blé-noir,* se sème en juin, en juillet et se fauche en vert pour l'étable.

Le battage des grains se fait en plein air avec le fléau dans l'ouest de la France. Cette méthode est bonne : l'action du soleil, tout en favorisant l'égrainage des épis, donne au grain une qualité supérieure ; l'insolation le ressuie et le durcit ; mais elle exige un travail bien pénible et un temps bien long, temps précieux surtout pour les labours d'été.

Avez-vous vu ces machines inventées, il y a quelque temps, et destinées au battage des grains? Elles fonctionnent maintenant à l'aide de la vapeur ; elles ont été perfectionnées et l'épi soumis à leur action est entièrement égrené. Elles facilitent et abrègent prodigieusement le travail : car, où il fallait 20 jours avec le fléau, deux jours suffisent avec la machine. Tout porte à croire que dans quelques années, ces machines seront répandues dans tous les départements de la France ; que la répugnance à s'en servir, sous prétexte qu'elles fonctionnent mal, n'existera plus et que personne ne songera à les bannir de notre Agriculture.

C'est ainsi qu'à la longue tout se perfectionne ; le temps fait justice de tout.

En effet, les premières machines furent, au moment de leur invention, accusées de condamner les bras des travailleurs au repos, parce qu'on obtenait avec elles beaucoup plus d'ouvrage avec beaucoup moins de temps et beaucoup moins de fatigue : ainsi les machines à filer le lin et la laine, ainsi les machines à vapeur ont eu leurs détracteurs, ainsi les chemins de grande communication ne se sont commencés qu'avec répugnance et la prestation en nature ne produisait dans le principe qu'un résultat insignifiant. Cependant tout le monde aujourd'hui en reconnait l'indispensable nécessité et l'utilité incontestable.

Soyez bien persuadés que l'invention des machines et leur introduction dans toutes les manufactures ont fait faire un pas immense à notre civilisation en permettant à tout le monde de jouir de tout à très-bas prix.

L'impulsion est donnée, le siècle marche, l'élan ne s'arrêtera pas.

ROTATION DE CULTURE.

—

> Que serait le travail sans la force unie à l'intelligence !
>
> Que serait le soleil sans la lumière et la chaleur ! E. D.

Nous venons de parler des plantes à fourrages, des récoltes sarclées et des céréales ; nous avons fait connaître les différentes natures de terres qui conviennent à chacune de ces plantes ; les engrais et les amendements qu'elles exigent, les labours, binages, sarclages et buttages qu'elles réclament. Il nous reste à tracer la marche des travaux d'assolements et de la rotation des cultures.

Ceci posé, faisons nos expériences sur une ferme du bocage.

Cette ferme contient quarante hectares de terres labourables et sept hectares de prairies naturelles.

La couche végétale repose sur le schiste et sur l'argile et se compose d'une terre où le sable et l'argile entrent dans des proportions très-convenables à la culture d'un grand nombre de plantes.

Le fermier qui l'exploite se borne à cultiver chaque année 10 à 12 hectares de blé, un hectare 65 ares environ en choux verts, un hectare 30 ares en navets, puis quelques ares de trèfle, de millet, de pommes de terre, de sarrasin, de citrouilles et de haricots.

Il laisse le reste des terres en pâturages, c'est-à-dire en jachères, où les genêts et les fougères croissent spontanément.

Il nourrit dans sa ferme huit bœufs, quatre vaches, quatre veaux ou vèles d'un an, quatre taurillons, taureaux ou génisses de deux à trois ans, une jument poulinière et quelques brebis.

Ce bétail ne reste jamais à l'étable, parcourt

chaque jour les champs incultes où il ne trouve qu'une herbe rare et maigre et ne fait pas pour ainsi dire de fumier.

On conçoit qu'avec une telle méthode de culture, les produits de l'exploitation ne doivent pas être très-avantageux, et les céréales qui reparaissent successivement sur le même sol contribuent de plus en plus, d'année en année, à son épuisement et à son appauvrissement.

Nous dirons à ce fermier :

Mon ami ! le temps est venu de vous faire entendre la vérité sur vos propres intérêts. Nous ne vous conseillerons pas de travailler davantage ; votre travail est bien assez pénible ; mais votre travail n'est pas assez productif : et pourquoi? Parce que vous en faites une mauvaise application, parce qu'il n'est pas raisonné.... écoutez :

Quand vous avez défriché un champ depuis longtemps inculte, un de vos champs de landes ou de genêts, il faut exiger de ce champ, de cette terre, qu'ils vous rendent avec usure tous les frais qu'ils vous ont occasionnés et toutes les peines qu'ils vous ont données ; et cela, pour longtemps, et cela pour toujours.

Il est donc de la plus haute importance pour

vous que cette terre soit toujours en bon état de culture et qu'elle ne redevienne plus dans son état primitif.

Au lieu de lui confier toujours des plantes épuisantes qui l'altèrent et qui absorbent dans son sein tous les sucs nourriciers ; confiez-lui des plantes améliorantes qui la fertilisent et qui détruisent toutes les mauvaises herbes. Chaulez-la pendant longtemps, et le genêt et l'ajonc, et l'oseille sauvage et le chiendent, qui y croissaient naturellement, disparaîtront... la chaux fera plus que votre charrue et que votre attelage de dix bœufs, et vous évitera pour toujours ces rudes travaux de défrichement.

Ainsi donc, une fois que vous serez parvenu à tenir vos terres labourables en bon état de culture, il vous sera très-facile de suivre la marche des travaux d'assolements, que nous allons vous tracer.

Vous verrez que tout deviendra produit, tout contribuera à la fertilisation et à l'amélioration du sol.

Nous semerons la 1re année :

8 hectares N° 1. En froment.

8 hectares N° 2. En trèfle, lupuline, pimprenelle sur baillarges.

8 hectares N° 3. En choux verts, navets, pommes de terre, citrouilles, haricots.

8 hectares N° 4. En jarousse, colza, lin, avoine.

8 hectares N° 5. En betteraves, rutabagas, millet, sarrasin.

Nous semerons la 2e année :

8 hectares N° 1. En jarousse, colza, lin; puis, betteraves, rutabagas, sarrasin, millet.

8 hectares N° 2. En trèfle, lupuline, pimprenelle (2e année).

8 hectares N° 3. En trèfle, lupuline, pimprenelle sur baillarges.

8 hectares N° 4. En choux verts, navets, pommes de terre, citrouille, haricots.

8 hectares N° 5. En froment.

Nous semerons la 3e année :

8 hectares N° 1. En choux verts, navets, pommes de terre, citrouilles, haricots.

8 hectares N° 2. En froment.

8 hectares N° 3. En trèfle, lupuline, pimprenelle (2e année).

8 hectares N° 4. En trèfle, lupuline, pimprenelle sur baillarges.

8 hectares N° 5. En jarousse, colza, lin; puis, betteraves, rutabagas, sarrasin, millet.

Nous semerons la 4e année :

8 hectares N° 1. En trèfle, lupuline, pimprenelle sur baillarges.

8 hectares N° 2. En jarousse, colza, lin; puis, betteraves, rutabagas, sarrasin, millet.

8 hectares N° 3. En froment.

8 hectares N° 4. En trèfle, lupuline, pimprenelle (2e année).

8 hectares N° 5. En choux verts, navets, pommes de terre, citrouilles, haricots.

Nous semerons la 5e année :

8 hectares N° 1. En trèfle, lupuline, pimprenelle (2e année).

8 hectares N° 2. En choux verts, navets, pommes de terre, citrouille, haricots.

8 hectares N° 3. En jarousse, colza, lin; puis, betteraves, rutabagas, sarrasin, millet.

8 hectares N° 4. En froment.

8 hectares N° 5. En trèfle, lupuline, pimprenelle sur baillarges.

Enfin la sixième année, la rotation de culture

sera la même que la première année, c'est-à-dire que nous aurons :

8 hectares N° 1. En froment.

8 hectares N° 2. En trèfle, lupuline, pimprenelle sur baillarges.

8 hectares N° 3. En choux verts, navets, pommes de terre, citrouille, haricots.

8 hectares N° 4. En jarousse, colza, lin; puis, betteraves, rutabagas, sarrasin, millet.

8 hectares N° 5. En trèfle, lupuline, pimprenelle (2e année).

La septième année, la rotation de culture sera la même que la seconde année, et ainsi de suite.

Ainsi les huit hectares N° 1 seront soumis à l'assolement ci-après pendant cinq ans.

1re année. Froment.

2e année. Jarousse, colza, lin; puis, betteraves, rutabagas, sarrasin, millet.

3e année. Choux, navets, pommes de terre, citrouilles, haricots.

4e année. Trèfle, lupuline, pimprenelle sur baillarges.

5e année. Trèfle, lupuline, pimprenelle (2e année).

Les huit hectares N° 2 à l'assolement suivant :

1re année. Trèfle, lupuline, pimprenelle sur baillarges.

2e année. Trèfle, lupuline, pimprenelle (2e année).

3e année. Froment.

4e année. Jarousse, colza, lin ; puis, betteraves, rutabagas, sarrasin, millet.

5e année. Choux, navets, pommes de terre, citrouilles, haricots.

Les huit hectares N° 3 à l'assolement suivant :

1re année. Choux, navets, pommes de terre, citrouilles, haricots.

2e année. Trèfle, lupuline, pimprenelle sur baillarges.

3e année. Trèfle, lupuline, pimprenelle (2e année).

4e année. Froment.

5e année. Jarousse, colza, lin ; puis betteraves, rutabagas, sarrasin, millet.

Les huit hectares N° 4 à l'assolement suivant :

1re année. Jarousse, colza, lin ; puis, betteraves, rutabagas, sarrasin, millet.

2e année. Choux, navets, pommes de terre, citrouilles, haricots.

3e année. Trèfle, lupuline, pimprenelle sur baillarges.

4e année. Trèfle, lupuline, pimprenelle (2e année).

5e année. Froment.

Les huit hectares N° 5 à l'assolement suivant :

1re Année. Betteraves, rutabagas, sarrasin, millet.

2e année. Froment.

3e année. Jarousse, colza, lin.

4e année. Choux, navets, pommes de terre, citrouilles, haricots.

5e année. Trèfle, lupuline, pimprenelle sur baillarges.

Voyez-vous quels sont les précieux avantages qui ressortent de la rotation de cet assolement ?

Par les récoltes sarclées, vous détruisez les plantes nuisibles.

Par les prairies artificielles, vous fertilisez le sol ; et le froment qui reparaît toujours après le trèfle n'est-il pas dans toutes les conditions favorables au développement d'une végétation très-productive ?

Le trèfle sera toujours d'une belle venue : vous saurez, en effet, que le trèfle n'aime pas à revenir trop souvent sur le même sol ; tous les six ans, c'est assez ; trèfle et terre s'en trouveront bien.

DES PRAIRIES NATURELLES.

Une bonne action rafraîchit le sang, comme le tapis vert d'une belle prairie repose la vue.

Vois-tu dans la prairie l'abeille voltiger de fleur en fleur ? elle recueille les doux parfums qui embaument l'air pour en composer son miel : ô homme ! travaille, toi aussi, travaille sans cesse, sois utile aux autres ; car c'est avec de bonnes œuvres que ta vie doit être faite.

Homme des champs, quand tu es accablé par le travail, songe que tu fais vivre tes animaux avec l'herbe de ta prairie et que le blé de ton champ nourrit les peuples de la terre !

Le travail est une vertu qui produit le bien-être domestique ; mais l'oisiveté ressemble à la rouille : elle use beaucoup plus que le travail. E. D.

Heureux le Cultivateur qui possède des prairies

sur la pente déclive des habitations, sur le penchant des villages, des bourgs ou des villes! le plus ordinairement, ces prairies sont arrosées par des eaux de source, par des pièces d'eau désignées par les noms d'abreuvoir ou de lavoir : elles entraînent dans leur cours tous les débris soit limoneux, soit animaux, soit végétaux, qui en troublent la limpidité. Ces cours d'eau, quand ils sont gonflés par les grandes pluies, se chargent de toutes les parties terreuses, sableuses, imprégnées des débris que le pied de l'homme, le piétinement des animaux, le roulement des voitures avait délayés, triturés, réduits en bouillie sur le pavé des rues, sur les places publiques et sur les sentiers; les entrainent avec une rapidité qui s'augmente avec le volume de leurs eaux; puis viennent les déposer sur le sol dont la fertilité sera inépuisable, si la main de l'homme vient seconder et diriger ce travail de la nature. Ces eaux devront être conduites suivant les pentes : elles seront divisées en un grand nombre de petits canaux; ces petits canaux devront donner naissance à des irrigations multipliées au point que toute la surface du sol se trouve baignée par les eaux, saturée par les parcelles de limon qu'elles entrainent et constitueront de petites alluvions partielles.

Mais de telles prairies sont rares : et le plus souvent les prairies naturelles sont situées sur des sols trop humides, sur des terres vulgairement appelées pourries, qui fournissent un foin aigre et peu substantiel ; les eaux, qui y séjournent, sont crues et limpides et ne contiennent pas en suspension des substances propres à la végétation.

On devrait modifier le sol humide de ces prairies par des terres de décombres, par des débris de pierres calcaires, que l'on recouvrira d'une couche de gazons ; puis on creuserait quelques petits canaux pour l'écoulement des eaux.

On parviendrait ainsi, en élevant la surface du sol par des terrassements, par des boues mêlées de chaux, à augmenter et à améliorer les fourrages.

L'eau doit courir sur le pré, mais ne pas y séjourner, tous les ans. Changez le lit de vos rigoles ; les vieilles rigoles sont trop profondes ; remplacez-les par des nouvelles, que vous tracerez à fleur de terre.

Vous comblerez avec le gazon des nouvelles rigoles le lit des anciennes : c'est là que l'herbe sera plus belle et plus abondante.

Les prairies sèches exigent, tous les trois à quatre ans, du terreau ou du fumier consommé sur lequel on répandra des graines de foin, de trèfle blanc : c'est ainsi que l'on fera disparaître la mousse qui les recouvre.

L'herbe des prairies doit être coupée avant sa maturité : *foin qui sèche sur pied ne vaut pas de la paille.*

Le bon Agriculteur soignera avant tout ses prairies et il aura plus de fourrages.

Avec plus de fourrages, plus de bétail ; avec plus de bétail, plus de fumier ; avec plus de fumier, plus de grain.

DE LA COMPTABILITÉ.

Quand tu es seul, si tu es heureux songe à faire du bien ; si tu es malheureux, songe à Dieu et à ta mère : car Dieu te soulagera et le souvenir de ta mère te portera bonheur.

E. D.

Pour avoir vie heureuse, il faut art, ordre et mesure. La dette entre dans la maison à la pointe du jour, bien avant le boulanger.

On doit mettre de la conscience dans tout ; et rien, en effet, ne peut s'en passer.

Le plaisir de découvrir une vérité est le plus grand de tous.

Ce qui est bien gagné peut se perdre,

mais ce qui est mal gagné se perd soi et son maitre.

Si nous n'avons pas de richesses, ayons de l'honneur : c'est à force de se tromper, que l'homme devient habile.

Je ne terminerai pas ce petit ouvrage sans parler de la comptabilité d'une exploitation agricole.

Tout Agriculteur devra tenir dans sa ferme un livre de compte.

Ses recettes et ses dépenses, ses ventes et ses achats y figureront dans le plus grand ordre.

Ce livre de compte ne sera autre chose qu'un journal, où seront inscrits jour par jour tous les comptes de culture et toutes les opérations de l'exploitation.

Le Cultivateur fera une estimation de toutes les valeurs qu'il possède.

Tous les animaux de la ferme y seront portés par espèce au taux du prix courant.

Tous les instrumens d'Agriculture et tout ce qui compose le mobilier y figueront pour une valeur approximative du prix d'achat.

Enfin, l'esprit d'ordre et d'économie servira de guide à l'Agriculteur qui devra étendre son inspection sur tous les objets de la ferme, tenir note de chaque chose et parvenir par des observations journalières et par des expériences acquises par de saines comparaisons à corriger ses erreurs, à diminuer ses dépenses et à augmenter ses produits ; en un mot, comme l'a dit le célèbre Franklin, à gagner tout ce qu'il pourra en tâchant d'utiliser tout ce qu'il aura gagné.

Cultivateurs, rendez-vous compte du prix du temps, et vous l'emploierez mieux.

Avez-vous fait quelquefois le calcul suivant sur l'emploi du temps d'une année ?

Abstraction faite des dimanches et des fêtes, des journées passées inutilement aux foires, des journées de prestation pour les chemins vicinaux, des journées employées pour les charrois ou pour le service du maître ; des journées perdues par cas imprévus telles, que les temps de pluie en été, qui retardent la besogne ; telles que les noces et les voyages indispensables ; telles que les maladies, surtout les maladies inflammatoires, auxquelles vous autres, hommes aux travaux pénibles, êtes fort sujets ; ne passons pas sous silence le temps doublement perdu au cabaret, car il doit bien entrer en ligne de compte.

Combien restera-t-il de journées employées

avantageusement à la culture de la terre? comptez :

52 dimanches ;
20 fêtes ;
40 foires ;
25 journées de prestation par exploitation ;
20 journées employées aux charrois du maître;
25 journées perdues par cas imprévus.

182 journées.

Si vous ôtez ces 182 journées des 365 qui composent l'année il vous restera 183 journées de travail dans l'année ; c'est-à-dire la moitié.

Ce calcul doit fixer votre attention ; il vous fait connaître le prix du temps.

Songez que c'est avec du travail que la vie doit être faite et rappelez-vous toujours que le travail est une vertu qui produit le bien-être domestique.

Napoléon. — Imp. Ivonnet.

TABLE DES MATIÈRES.

www.ingramcontent.com/pod-product-compliance
Ingram Content Group UK Ltd.
Pitfield, Milton Keynes, MK11 3LW, UK
UKHW020340180726
13839UKWH00002B/831

9 782329 389134